L'aquarium

© Mars 2021, RS

L'AQUARIUM

Table des matières

"On reconnaît le rouquin aux cheveux du père et le requin aux dents de la mère."
De Pierre Desproges / Dictionnaire superflu.

© 2021, RS, Paris, France.

ISBN : 9798724037198

A Amélie,

1.   Enoncé

3 poissons rouges, 9 murènes et 2 requins se trouvent seuls dans l'aquarium. Les murènes peuvent manger des poissons rouges. Et les requins peuvent manger des poissons rouges et des murènes. Mais cet aquarium est magique. Car si une murène mange un poisson rouge, elle se transforme en requin. Si un requin mange un poisson rouge, il se transforme en murène. Si un requin mange une murène, il se transforme en poisson rouge.

Quel est le plus grand nombre possible de poissons restant dans cet aquarium une fois l'équilibre* atteint ?

*L'équilibre signifie lorsqu'aucun poisson ne peut en manger un autre et donc que le nombre et le type de poisson ne peut plus évoluer.

Sous forme de schéma, on a :

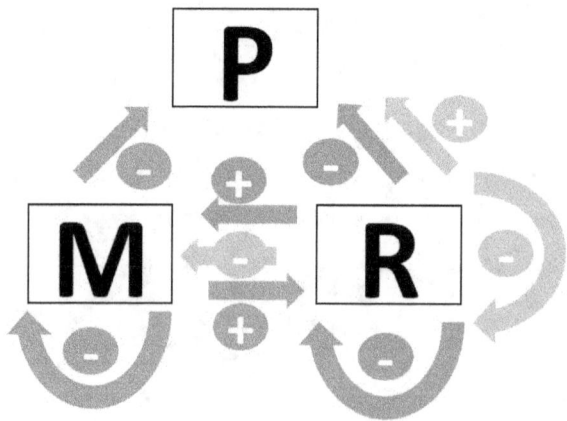

2. Solution naïve

On teste tous les cas possibles. Attention c'est très long et fastidieux mais tout le monde peut y arriver avec un peu de rigueur et de patience. Voici donc ci-dessous, sous tableur, toutes ces possibilités incluant notre solution recherchée.

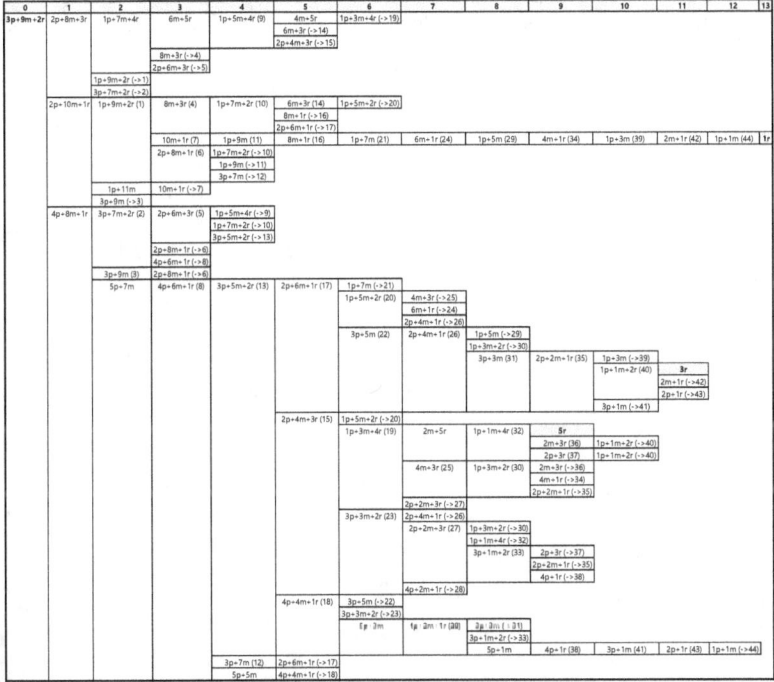

La réponse est **5** requins en **9** étapes.

Cette méthode est simple mais très longue et donc source d'erreurs éventuelles. De plus, elle est spécifique à notre énoncé.

Si le nombre ou le type de poissons changent, il faut tout refaire du début. Enfin, il faut absolument parcourir toutes les possibilités pour être vraiment sûr d'obtenir la solution demandée. Imaginez-vous au départ avec un aquarium comportant une 10aine de types de poissons différents et pour chacun d'eux une 20aines de poissons. Avec des règles similaires de « je te mange et je me transforme », écrire sous tableur toutes les possibilités est tout bonnement gigantesque. Un vrai travail de titan auquel il sera difficile de ne pas se tromper.

Alors, existe-t-il une méthode plus rapide et plus simple ? La réponse est assurément oui ! Voyons cela sans attendre.

3. Première solution savante

Plutôt que de se baser sur une méthode logique séquentielle et systémique, nous allons explorer un raisonnement algébrique afin de condenser notre problème en une équation à plusieurs inconnues. Comment ? Le génie humain a permis en effet d'élaborer une méthode qui procure à la fois davantage de souplesse, de généralité et de simplicité. On saura par exemple exprimer les solutions pour d'autres valeurs initiales. C'est-à-dire un nombre et une répartition différente de types de poissons dans l'aquarium au départ. C'est parti.

On pose :

$$\underbrace{3p}_{\substack{3 \\ poissons \\ rouges \\ au \\ départ}} + \underbrace{9m}_{\substack{9 \\ murènes \\ au \\ départ}} + \underbrace{2r}_{\substack{2 \\ requins \\ au \\ départ}} - \left(\underbrace{p+m}_{\substack{1 \\ poisson \\ rouge \\ mangé \\ par une \\ murène}} - \underbrace{r}_{\substack{1 \\ murène\ se \\ transforme \\ en\ requin}} \right) x - \left(\underbrace{p+r}_{\substack{1 \\ poisson \\ rouge \\ mangé \\ par un \\ requin}} - \underbrace{m}_{\substack{1 \\ requin\ se \\ transforme \\ en\ murène}} \right) y - \left(\underbrace{m+r}_{\substack{1 \\ murène \\ mangée \\ par un \\ requin}} - \underbrace{p}_{\substack{1 \\ requin\ se \\ transforme \\ en\ poisson \\ rouge}} \right) z \quad (1)$$

Avec :

$\begin{cases} x : nombre\ de\ fois\ qu'1\ poisson\ rouge\ s'est\ fait\ mangé\ par\ 1\ murène\ ; \\ y : nombre\ de\ fois\ qu'1\ poisson\ rouge\ s'est\ fait\ mangé\ par\ 1\ requin\ ; \\ z : nombre\ de\ fois\ qu'1\ murène\ s'est\ fait\ mangée\ par\ 1\ requin\ ; \\ (x+y+z) : nombre\ d'étapes\ pour\ atteindre\ un\ état\ stable. \end{cases}$

En effet, soustraire p signifie ici retirer un poisson rouge qui s'est fait manger. Et soustraire r et additionner m signifie qu'un requin s'est transformer en murène. Soit 1 murène en plus par addition et 1 requin en moins par soustraction. Les produits par x, y et z permettent de répéter chacune des trois opérations possibles. Enfin, les valeurs des trois premiers termes correspondent aux valeurs initiales dans l'aquarium : 3 poissons rouges, 9 murènes et 2 requins.

On cherche la valeur maximale de :

$$3p + 9m + 2r - (p + m - r)x - (p + r - m)y - (m + r - p)z$$

$$= (3 - x - y + z)p + (9 - x + y - z)m + (2 + x - y - z)r \qquad (2)$$

$$avec\ 0 < x + y + z < 3 + 9 + 2 = 14$$

Un raisonnement simple nous donne les différentes configurations possibles. Et elles ne sont pas nombreuses. En effet, s'il reste au moins 1 poisson rouge, il sera mangé par 1 murène ou 1 requin. Donc, soit il ne reste aucun poissons rouges, soit il en reste mais dans ce cas, aucune murène ou requins ne doivent rester. Et s'il reste que des murènes et des requins, les requins vont manger les murènes. Il ne doit donc, dans ce cas, rester que des murènes ou que des requins pour atteindre un nouvel équilibre. Il existe donc au plus uniquement les 3 états d'équilibre a, b ou c suivants :

$$\max\big((3 - x - y + z)p + (9 - x + y - z)m + (2 + x - y - z)r\big) = \begin{cases} ap \\ bm \\ cr \end{cases} \qquad (3)$$

Avec :

$$\begin{cases} a : nombre\ de\ poissons\ rouges\ restants\ ; \\ b : nombre\ de\ murènes\ restantes\ ; \\ c : nombre\ de\ requins\ restants. \end{cases}$$

Il suffit maintenant de résoudre les 3 cas possibles. Soit :

1. *Reste a poissons rouges* : $\begin{cases} 3 - x - y + z = a \\ 9 - x + y - z = 0 \\ 2 + x - y - z = 0 \end{cases} \rightarrow \begin{cases} x = 6 - \dfrac{a}{2} \\ y = \dfrac{5 - a}{2} \\ z = \dfrac{11}{2} \end{cases}$

$\rightarrow$ *Pas de solution entière.*

z n'étant jamais entier, on n'a pas de solution avec uniquement des poissons rouges restants.

2. *Reste b murènes :* $\begin{cases} 3 - x - y + z = 0 \\ 9 - x + y - z = b \\ 2 + x - y - z = 0 \end{cases} \rightarrow \begin{cases} x = 6 - \dfrac{b}{2} \\ y = \dfrac{5}{2} \\ z = \dfrac{11 - b}{2} \end{cases} \rightarrow$ *Pas de solution entière.*

y n'étant jamais entier, on n'a pas de solution avec uniquement des murènes restantes.

3. *Reste c requins :* $\begin{cases} 3 - x - y + z = 0 \\ 9 - x + y - z = 0 \\ 2 + x - y - z = c \end{cases}$

D'où :

$$\begin{cases} \qquad\qquad\qquad x = 6 \\ y = \dfrac{5-c}{2} \rightarrow c = 5 - 2y > 0 \rightarrow y < \dfrac{5}{2} \rightarrow y = \begin{cases} 0 \rightarrow c = 5 \\ 1 \rightarrow c = 3 \rightarrow c_{max} = 5 \\ 2 \rightarrow c = 1 \end{cases} \\ z = \dfrac{11-c}{2} \rightarrow c = 11 - 2z > 0 \rightarrow z < \dfrac{11}{2} \rightarrow z = \begin{cases} 0 \rightarrow c = 11 : \text{impossible car} > c_{max} \\ 1 \rightarrow c = 9 : \text{impossible car} > c_{max} \\ 2 \rightarrow c = 7 : \text{impossible car} > c_{max} \\ 3 \rightarrow c = 5 \rightarrow x + y + z = 6 + 0 + 3 = 9 \\ 4 \rightarrow c = 3 \rightarrow x + y + z = 6 + 1 + 4 = 11 \\ 5 \rightarrow c = 1 \rightarrow x + y + z = 6 + 2 + 5 = 13 \end{cases} \end{cases}$$

Il existe donc 3 états stables avec 1, 3 ou 5 requins restants. Le nombre le plus grand vaut c=5. Donc la solution est **5** poissons restants au maximum en **9** étapes. Cette méthode permet donc d'obtenir simplement toutes les solutions et de manière bien plus élégante que précédemment.

4. Généralisation

Imaginons que les conditions initiales soient différentes. Dans ce cas, on a l'équation suivante :

$$Avec \begin{cases} u \ poissons \ rouges \ au \ départ \\ v \ murènes \ au \ départ \\ w \ requins \ au \ départ \end{cases}$$

$$\rightarrow \max\big((u - x - y + z)p + (v - x + y - z)m + (w + x - y - z)r\big) = \begin{cases} ap \\ bm \\ cr \end{cases} \quad (4)$$

On a toujours uniquement les 3 cas suivants à traiter :

$$\textbf{1.} \ Reste \ a \ poissons \ rouges : \begin{cases} u - x - y + z = a \\ v - x + y - z = 0 \\ w + x - y - z = 0 \end{cases} \rightarrow \begin{cases} x = \dfrac{u + v - a}{2} \\ y = \dfrac{u + w - a}{2} \\ z = \dfrac{v + w}{2} \end{cases}$$

$$Et \begin{cases} si \ v \ mod(2) \neq w \ mod(2) \rightarrow Pas \ de \ solution \ entière \ pour \ z. \\ si \ v \ mod(2) = w \ mod(2) \rightarrow Voir \ ci-dessous : \end{cases}$$

$$a_{max} = u + \min(v; w) \rightarrow \begin{cases} Si \ v \leq w : a_{max} = u + v \rightarrow \begin{cases} x = 0 \\ y = \dfrac{w - v}{2} \\ z = \dfrac{v + w}{2} \end{cases} \rightarrow x + y + z = w \\ \\ Si \ v > w : a_{max} = u + w \rightarrow \begin{cases} x = \dfrac{v - w}{2} \\ y = 0 \\ z = \dfrac{v + w}{2} \end{cases} \rightarrow x + y + z = v \end{cases}$$

Il existe donc une solution avec des poissons rouges restants en fonction des conditions initiales.

L'AQUARIUM

2. *Reste b murènes :* $\begin{cases} u - x - y + z = 0 \\ v - x + y - z = b \\ w + x - y - z = 0 \end{cases} \rightarrow \begin{cases} x = \dfrac{u + v - b}{2} \\ y = \dfrac{u + w}{2} \\ z = \dfrac{v + w - b}{2} \end{cases}$

$Et \begin{cases} si \ u \ mod(2) \neq w \ mod(2) \rightarrow Pas \ de \ solution \ entière \ pour \ y. \\ si \ u \ mod(2) = w \ mod(2) \rightarrow Voir \ ci-dessous : \end{cases}$

$b_{max} = v + \min(u; w) \rightarrow \begin{cases} Si \ u \leq w : b_{max} = u + v \rightarrow \begin{cases} x = 0 \\ y = \dfrac{u + w}{2} \\ z = \dfrac{w - u}{2} \end{cases} \rightarrow x + y + z = w \\ \\ Si \ u > w : b_{max} = v + w \rightarrow \begin{cases} x = \dfrac{u - w}{2} \\ y = \dfrac{u + w}{2} \\ z = 0 \end{cases} \rightarrow x + y + z = u \end{cases}$

Il existe donc une solution avec des murènes restantes en fonction des conditions initiales.

3. *Reste c requins :* $\begin{cases} u - x - y + z = 0 \\ v - x + y - z = 0 \\ w + x - y - z = c \end{cases} \rightarrow \begin{cases} x = \dfrac{u + v}{2} \\ y = \dfrac{u + w - c}{2} \\ z = \dfrac{v + w - c}{2} \end{cases}$

$Et \begin{cases} si \ u \ mod(2) \neq v \ mod(2) \rightarrow Pas \ de \ solution \ entière \ pour \ x. \\ si \ u \ mod(2) = v \ mod(2) \rightarrow Voir \ ci-dessous : \end{cases}$

$$c_{max} = \min(u; v) + w \rightarrow \begin{cases} Si\ u \leq v : c_{max} = u + w \rightarrow \begin{cases} x = \dfrac{u+v}{2} \\ y = 0 \\ z = \dfrac{v-u}{2} \end{cases} \rightarrow x + y + z = v \\ \\ Si\ u > v : c_{max} = v + w \rightarrow \begin{cases} x = \dfrac{u+v}{2} \\ y = \dfrac{u-v}{2} \\ z = 0 \end{cases} \rightarrow x + y + z = u \end{cases}$$

Il existe donc une solution avec des requins restants en fonction des conditions initiales.

Le principe ici est le même que précédemment même si cela engendre quelques lignes supplémentaires notamment pour tester la parité et connaître ainsi si la divisibilité par 2 est entière ou non. Mais cela en vaut bien la peine puisqu'on arrive à généraliser notre problème à n'importe quel nombre de poissons au départ sans le moindre tableur à rallonge à construire pas à pas et laborieusement si le nombre de poissons est important.

De plus, on déduit quelques propriétés étonnantes que l'on n'aurait jamais pu imaginer sans cette merveilleuse équation algébrique. Par exemple, le nombre maximum de poissons restants dans l'aquarium à l'état d'équilibre est atteint lorsqu'il y a au départ le même nombre de poissons d'au moins deux types de poissons. Par exemple :

Avec 11 *poissons au départ* :

$$\begin{cases} v = w = 3\ et\ u = 5 \rightarrow a_{max} = 8\ poissons\ restants\ en\ 3\ étapes\ ; \\ u = w = 5\ et\ v = 3 \rightarrow b_{max} = 8\ poissons\ restants\ en\ 5\ étapes\ ; \\ u = v = 3\ et\ w = 5 \rightarrow c_{max} = 8\ poissons\ restants\ en\ 3\ étapes. \end{cases}$$

Et pour connaître le maximum possible de poissons restants avec un total n de poissons donnés au départ, il suffit de fixer :

$$n\ poissons\ au\ départ \rightarrow \begin{cases} v = w = 1\ et\ u = n - 2 \rightarrow a_{max} = n - 1\ poissons\ restants\ en\ 1\ étapes\ ; \\ u = w = 1\ et\ v = n - 2 \rightarrow b_{max} = n - 1\ poissons\ restants\ en\ 1\ étapes\ ; (5) \\ u = v = 1\ et\ w = n - 2 \rightarrow c_{max} = n - 1\ poissons\ restants\ en\ 1\ étapes. \end{cases}$$

Mais cela ne couvre que les cas très particuliers des extremums. En effet, selon la parité du nombre de poissons à l'état initial, on obtient cette fois toutes les solutions possibles répertoriées dans le tableau suivante.

Cas	u	v	w	x	y	z	a	b	c	$x+y+z$	n_{max} Sachant que : $\{x,y,z\}\geq 0$ $x+y+z>0$
1	2i	2j	2k	$i+j-n$	$i+k-n$	$j+k$	$2n$			$u+v+w-2n$	$\min(i+j, i+k)$
2			2k	$i+j-n$	$i+k$			$2n$			$\min(i+j, j+k)$
3		2j	$2k+1$	$i+j$	$i+k-n$	$j+k-n$			$2n$		$\min(i+k, j+k)$
4	2i		$2k+1$	$i+j$	$i+k-n$	$j+k-n$			$2n+1$		$\min(i+k, j+k)$
5		$2j+1$	2k		$i+k$			$2n+1$			$\min(i+j, j+k)$
6		$2j+1$	$2k+1$	$i+j-n$	$i+k-n$	$j+k+1$	$2n+1$			$u+v+w-2n+1$	$\min(i+j, i+k)$
7		2j	2k	$i+j-n$	$i+k-n$	$j+k$	$2n+1$			$u+v+w-2n$	$\min(i+j, i+k)$
8		2j	$2k+1$	$i+k+1$	$j+k$			$2n+1$		$u+v+w-2n$	$\min(i+j, j+k)$
9			2k	$i+j+1-n$	$i+k-n$				$2n+1$	$u+v+w-2n+1$	$\min(i+k, j+k)$
10	$2i+1$	$2j+1$	$2k+1$	$i+j+1-n$	$i+k+1-n$	$j+k+1$	$2n$			$u+v+w-2n+3$	$\min(i+j+1, i+k+1)$
11			$2k+1$	$i+j+1-n$	$i+k+1$	$j+k$		$2n$			$\min(i+j+1, j+k+1)$
12				$i+j+1-n$	$i+k+1-n$	$j+k+1$			$2n$		$\min(i+k+1, j+k+1)$

Par exemple, dans le cas de notre tout premier problème avec 3 poissons rouges, 9 murènes et 2 requins, on se trouve dans le cas numéro 9 du tableau précédent. Et on lit :

$$\begin{cases} u = 3 = 2i+1 \rightarrow i = 1 \\ v = 9 = 2j+1 \rightarrow j = 4 \rightarrow n_{max} = \min(2,5) = 2 \rightarrow c_{max} = 2n_{max}+1 = 5 \\ w = 2 = 2k \rightarrow k = 1 \end{cases}$$

La nouvelle question est donc :

Quel est le plus grand nombre possible de poissons restants dans cet aquarium, une fois l'équilibre atteint, quel que soit le nombre de poissons présents au départ ?

En lisant les 12 cas présentés dans le tableau précédent, on a donc :

Cas	Conditions initiales			Nombre de poissons restants			Nombre d'étapes
	u	v	w	a	b	c	$x+y+z$
1	$2i$	$2j$	$2k$	$u + \min(v,w)$			$v + w - \min(v,w)$
2			$2k$		$v + \min(u,w)$		$u + w - \min(u,w)$
3						$w + \min(u,v)$	$u + v - \min(u,v)$
4			$2k+1$			$w + \min(u,v)$	$u + v + 1 - \min(u,v)$
5		$2j+1$	$2k$		$v + \min(u,w)$		$u + w + 1 - \min(u,w)$
6			$2k+1$	$u + \min(v-1, w-1) + 1$			$v + w + 1 - \min(v-1, w-1)$
7	$2i+1$	$2j$	$2k$	$u + \min(v,w)$			$v + w + 1 - \min(v,w)$
8			$2k+1$		$v + \min(u-1, w-1) + 1$		$u + w + 1 - \min(u-1, w-1)$
9			$2k$			$w + \min(u-1, v-1) + 1$	$u + v + 1 - \min(u-1, v-1)$
10		$2j+1$	$2k+1$	$u + 1 + \min(v-1, w-1)$			$v + w + 2 - \min(v-1, w-1)$
11					$v + 1 + \min(u-1, w-1)$		$u + w + 2 - \min(u-1, w-1)$
12						$w + 1 + \min(u-1, v-1)$	$u + v + 2 - \min(u-1, v-1)$

On a donc ainsi trouvé tous les cas possibles de notre problème sans calculs supplémentaires.

5. Variantes

On peut maintenant imaginer de résoudre tout type de problèmes avec un nombre arbitraire de poissons et un nombre également arbitraire de types de poissons au départ dans l'aquarium. En s'inspirant de notre équation précédente, on pose l'équation générale suivante :

$$\max\left(\sum_{i=1}^{u}\left(u_i p_i \sum_{j=1}^{u} x_{i,j} p_j\right)\right) = a_k p_k \qquad (6)$$

$$Avec \begin{cases} u \geq 1 : nombre\ de\ types\ de\ poissons \\ p_i \geq 1 : i^{ième}\ type\ de\ poissons \\ u_i \geq 1 : nombre\ de\ poissons\ de\ type\ p_i\ au\ départ \\ |x_{i,j}| \geq 1 : nombre\ de\ poissons\ de\ type\ p_j \begin{cases} \begin{cases} mangés\ ou, \\ supprimés\ suite\ à\ une\ transformation \\ transformés\ si\ x_{i,j} > 0 \end{cases} si\ x_{i,j} < 0 \end{cases} \\ a_k \geq 0 : nombre\ de\ poissons\ de\ type\ p_k\ restants \end{cases}$$

Nous laissons ici le soin au lecteur d'aller plus loin si le cœur lui en dit. Les possibilités sont variées et peuvent bien entendu être assistées d'un ordinateur pour découvrir, selon le nombre de poissons et le nombre de types de poissons un monde algorithmique intéressant, paramétrable presque à l'infini et des résultats souvent contre intuitifs.

Il est d'ailleurs merveilleux de se rendre compte qu'on peut résoudre tant de problèmes avec un peu d'imagination algébrique qu'on n'aurait à la main pas pu faire simplement et si rapidement. Les mathématiques sont décidément redoutables d'abstraction. Bonnes découvertes à toutes et à tous.

6.   Seconde solution savante

De la même manière mais écrit différemment, on utilise des multiplications au lieu des additions, des divisions au lieu des soustractions et des exposants au lieu des multiplications. On obtient :

$$\underbrace{p^3}_{\substack{poissons\\rouges\\au\ départ}} \cdot \underbrace{m^9}_{\substack{murènes\\au\ départ}} \cdot \underbrace{r^2}_{\substack{requins\\au\ départ}} \left(\underbrace{\frac{1}{p}}_{\substack{poisson\\rouge\\mangé\\par\ une\\murène}} \cdot \underbrace{\frac{r}{m}}_{\substack{murène\\se\\transforme\\en\\requin}} \right)^x \left(\underbrace{\frac{1}{p}}_{\substack{poisson\\rouge\\mangé\\par\ un\\requin}} \cdot \underbrace{\frac{m}{r}}_{\substack{requin\\se\\transforme\\en\\murène}} \right)^y \left(\underbrace{\frac{1}{m}}_{\substack{murène\\mangée\\par\ un\\requin}} \cdot \underbrace{\frac{p}{r}}_{\substack{requin\\se\\transforme\\en\\poisson\\rouge}} \right)^z \qquad (1)$$

Avec :

$$\begin{cases} x : nombre\ de\ fois\ qu'1\ poisson\ rouge\ s'est\ fait\ mangé\ par\ 1\ murène\ ; \\ y : nombre\ de\ fois\ qu'1\ poisson\ rouge\ s'est\ fait\ mangé\ par\ 1\ requin\ ; \\ z : nombre\ de\ fois\ qu'1\ murène\ s'est\ fait\ mangée\ par\ 1\ requin\ ; \\ (x + y + z) : nombre\ d'étapes\ pour\ atteindre\ un\ état\ stable. \end{cases}$$

En effet, diviser par p signifie ici retirer un poisson rouge qui s'est fait manger. Et multiplier par m/r signifie qu'un requin s'est transformer en murène. Soit 1 murène en plus par multiplication et 1 requin en moins par division. Les exposants x, y et z permettent de répéter l'opération. Enfin, les exposants des trois premières valeurs correspondent aux valeurs initiales dans l'aquarium : 3 poissons rouges, 9 murènes et 2 requins.

On cherche la valeur maximale, soit :

$$\max\left(p^3 m^9 r^2 \left(\frac{r}{pm}\right)^x \left(\frac{m}{pr}\right)^y \left(\frac{p}{mr}\right)^z\right) \ avec\ 0 < x + y + z < 3 + 9 + 2 = 14$$

Car à chaque étape on supprime 1 poisson et on en transforme 1 autre. Donc -1 poisson par étape et donc 13 étapes au maximum pour atteindre 1 seul poisson : un état stable, puisque ce dernier ne se mangera pas lui-même ! En factorisant les facteurs, on obtient :

$$\max(p^{3-x-y+z}m^{9-x+y-z}r^{2+x-y-z}) = p^a m^b r^c \text{ avec } 0 < x+y+z < 14 \qquad (2)$$

Avant d'aller plus loin, interrogeons-nous sur les états stables possibles ou les fameux points d'équilibre. On gardera ensuite le ou les points d'équilibre comportant le plus de poissons.

Un raisonnement simple nous donne les différentes configurations possibles. Et elles ne sont pas nombreuses. En effet, s'il reste au moins 1 poisson rouge, il sera mangé par 1 murène ou 1 requin. Donc, soit il ne reste aucun poissons rouges, soit il en reste mais dans ce cas, aucune murène ou requins ne doivent rester. Et s'il reste que des murènes et des requins, les requins vont manger les murènes. Il ne doit donc, dans ce cas, rester que des murènes ou que des requins pour atteindre un nouvel équilibre. Il existe donc au plus uniquement les 3 états d'équilibre a, b ou c suivants :

$$\max(p^{3-x-y+z}m^{9-x+y-z}r^{2+x-y-z}) = \begin{cases} p^a \\ m^b \\ r^c \end{cases} \qquad (3)$$

Avec :

$$\begin{cases} a : \text{nombre de poissons rouges restants ;} \\ b : \text{nombre de murènes restantes ;} \\ c : \text{nombre de requins restants.} \end{cases}$$

Il suffit maintenant de résoudre les 3 cas possibles. Soit :

$$\mathbf{1.}\,\text{Reste } a \text{ poissons rouges :} \begin{cases} 3-x-y+z = a \\ 9-x+y-z = 0 \\ 2+x-y-z = 0 \end{cases} \rightarrow \begin{cases} x = 6 - \dfrac{a}{2} \\ y = \dfrac{5-a}{2} \\ z = \dfrac{11}{2} \end{cases}$$

$$\rightarrow \text{Pas de solution entière.}$$

z n'étant jamais entier, on n'a pas de solution avec uniquement des poissons rouges restants.

2. *Reste b murènes :* $\begin{cases} 3 - x - y + z = 0 \\ 9 - x + y - z = b \\ 2 + x - y - z = 0 \end{cases} \rightarrow \begin{cases} x = 6 - \dfrac{b}{2} \\ y = \dfrac{5}{2} \\ z = \dfrac{11 - b}{2} \end{cases} \rightarrow$ *Pas de solution entière.*

y n'étant jamais entier, on n'a pas de solution avec uniquement des murènes restantes.

3. *Reste c requins :* $\begin{cases} 3 - x - y + z = 0 \\ 9 - x + y - z = 0 \\ 2 + x - y - z = c \end{cases}$

D'où :

$$\begin{cases} \qquad\qquad x = 6 \\ y = \dfrac{5 - c}{2} \rightarrow c = 5 - 2y > 0 \rightarrow y < \dfrac{5}{2} \rightarrow y = \begin{cases} 0 \rightarrow c = 5 \\ 1 \rightarrow c = 3 \rightarrow c_{max} = 5 \\ 2 \rightarrow c = 1 \end{cases} \\ z = \dfrac{11 - c}{2} \rightarrow c = 11 - 2z > 0 \rightarrow z < \dfrac{11}{2} \rightarrow z = \begin{cases} 0 \rightarrow c = 11 : impossible\ car > c_{max} \\ 1 \rightarrow c = 9 : impossible\ car > c_{max} \\ 2 \rightarrow c = 7 : impossible\ car > c_{max} \\ 3 \rightarrow c = 5 \rightarrow x + y + z = 6 + 0 + 3 = 9 \\ 4 \rightarrow c = 3 \rightarrow x + y + z = 6 + 1 + 4 = 11 \\ 5 \rightarrow c = 1 \rightarrow x + y + z = 6 + 2 + 5 = 13 \end{cases} \end{cases}$$

Il existe donc 3 états stables avec 1, 3 ou 5 requins restants. Le nombre le plus grand vaut c=5. Donc la solution est **5** poissons restants au maximum en **9** étapes. Cette méthode est bien équivalente à la précédente.

7. Généralisation

Comme précédemment, on peut généraliser notre problème comme suit :

$$Avec \begin{cases} u \text{ poissons rouges au départ} \\ v \text{ murènes au départ} \\ w \text{ requins au départ} \end{cases} \rightarrow \max(p^{u-x-y+z}m^{v-x+y-z}r^{w+x-y-z}) = \begin{cases} p^a \\ m^b \\ r^c \end{cases} \quad (4)$$

On a toujours uniquement les 3 cas suivants à traiter :

1. *Reste a poissons rouges* : $\begin{cases} u - x - y + z = a \\ v - x + y - z = 0 \\ w + x - y - z = 0 \end{cases} \rightarrow \begin{cases} x = \dfrac{u+v-a}{2} \\ y = \dfrac{u+w-a}{2} \\ z = \dfrac{v+w}{2} \end{cases}$

$Et \begin{cases} si\ v\ mod(2) \neq w\ mod(2) \rightarrow Pas\ de\ solution\ entière\ pour\ z. \\ si\ v\ mod(2) = w\ mod(2) \rightarrow Voir\ ci-dessous : \end{cases}$

$$a_{max} = u + \min(v; w) \rightarrow \begin{cases} Si\ v \leq w : a_{max} = u + v \rightarrow \begin{cases} x = 0 \\ y = \dfrac{w-v}{2} \\ z = \dfrac{v+w}{2} \end{cases} \rightarrow x + y + z = w \\ \\ Si\ v > w : a_{max} = u + w \rightarrow \begin{cases} x = \dfrac{v-w}{2} \\ y = 0 \\ z = \dfrac{v+w}{2} \end{cases} \rightarrow x + y + z = v \end{cases}$$

Il existe donc une solution avec des poissons rouges restants en fonction des conditions initiales.

2. *Reste b murènes* : $\begin{cases} u - x - y + z = 0 \\ v - x + y - z = b \\ w + x - y - z = 0 \end{cases} \rightarrow \begin{cases} x = \dfrac{u+v-b}{2} \\ y = \dfrac{u+w}{2} \\ z = \dfrac{v+w-b}{2} \end{cases}$

$$Et \begin{cases} si\ u\ mod(2) \neq w\ mod(2) \to Pas\ de\ solution\ entière\ pour\ y. \\ si\ u\ mod(2) = w\ mod(2) \to Voir\ ci-dessous: \end{cases}$$

$$b_{max} = v + \min(u;w) \to \begin{cases} Si\ u \leq w : b_{max} = u+v \to \begin{cases} x = 0 \\ y = \dfrac{u+w}{2} \to x+y+z = w \\ z = \dfrac{w-u}{2} \end{cases} \\ Si\ u > w : b_{max} = v+w \to \begin{cases} x = \dfrac{u-w}{2} \\ y = \dfrac{u+w}{2} \to x+y+z = u \\ z = 0 \end{cases} \end{cases}$$

Il existe donc une solution avec des murènes restantes en fonction des conditions initiales.

$$3.\ Reste\ c\ requins: \begin{cases} u-x-y+z = 0 \\ v-x+y-z = 0 \\ w+x-y-z = c \end{cases} \to \begin{cases} x = \dfrac{u+v}{2} \\ y = \dfrac{u+w-c}{2} \\ z = \dfrac{v+w-c}{2} \end{cases}$$

$$Et \begin{cases} si\ u\ mod(2) \neq v\ mod(2) \to Pas\ de\ solution\ entière\ pour\ x. \\ si\ u\ mod(2) = v\ mod(2) \to Voir\ ci-dessous: \end{cases}$$

$$c_{max} = \min(u;v) + w \to \begin{cases} Si\ u \leq v : c_{max} = u+w \to \begin{cases} x = \dfrac{u+v}{2} \\ y = 0 \to x+y+z = v \\ z = \dfrac{v-u}{2} \end{cases} \\ Si\ u > v : c_{max} = v+w \to \begin{cases} x = \dfrac{u+v}{2} \\ y = \dfrac{u-v}{2} \to x+y+z = u \\ z = 0 \end{cases} \end{cases}$$

Il existe donc une solution avec des requins restants en fonction des conditions initiales. On retrouve bien les mêmes résultats que précédemment.

8. Variantes

On peut maintenant imaginer de résoudre tout type de problèmes avec un nombre arbitraire de poissons et un nombre également arbitraire de types de poissons au départ dans l'aquarium. En s'inspirant de notre équation précédente, on pose l'équation générale suivante :

$$\max\left(\prod_{i=1}^{u}\left(p_i^{u_i}\prod_{j=1}^{u}p_j^{x_{i,j}}\right)\right) = p_k^{a_k} \tag{5}$$

$$Avec\begin{cases} u \geq 1 : nombre\ de\ types\ de\ poissons \\ p_i \geq 1 : i-\grave{e}me\ type\ de\ poissons \\ u_i \geq 1 : nombre\ de\ poissons\ de\ type\ p_i\ au\ d\acute{e}part \\ |x_{i,j}| \geq 1 : nombre\ de\ poissons\ de\ type\ p_j \begin{cases} mang\acute{e}s\ ou, \\ supprim\acute{e}s\ suite\ \grave{a}\ une\ transformation \\ transform\acute{e}s\ si\ x_{i,j} > 0 \end{cases} si\ x_{i,j} < 0 \\ a_k \geq 0 : nombre\ de\ poissons\ de\ type\ p_k\ restants \end{cases}$$

On retrouve bien l'équation précédente sous une autre forme. Ces équations sont équivalentes. Comme quoi, on peut résoudre un même problème de différentes façon sans pour autant perdre de généralité.

Il est d'ailleurs merveilleux de se rendre compte qu'on peut résoudre tant de problèmes avec un peu d'imagination algébrique qu'on n'aurait à la main pas pu faire simplement et si rapidement. Les mathématiques sont décidément redoutables d'abstraction. Bonnes découvertes à toutes et à tous.

9.   Références

Voici quelques références pour approfondir vos connaissances sur les possibilités variées et utiles de l'usage des polynômes :

fr.wikipedia.org/wiki/Polyn%C3%B4me
fr.wikipedia.org/wiki/%C3%89quation_polynomiale
fr.wikipedia.org/wiki/Fonction_polynomiale